AF348256

PRATIQUES AGRICOLES

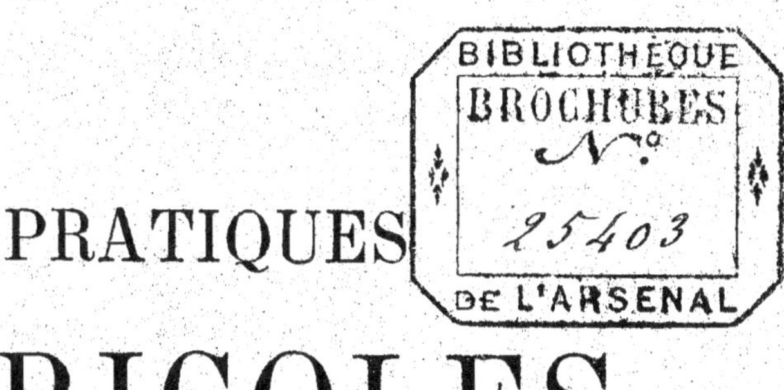

ÉLÈVE DU BÉTAIL, ESSAIS CULTURAUX

PAR

UN CULTIVATEUR DE LA SARTHE

(Un seul fait pratique, bien observé, a plus de
valeur que cent formules qui laissent toujours
à désirer).

J. RIEFFEL.
Manuel du propriétaire.

SE VEND AU PROFIT DES PAUVRES DE LA VILLE DU MANS. — PRIX : 30 CENT.

LE MANS

TYPOGRAPHIE A. LOGER, C.-J. BOULAY ET Cᵉ
RUE MARCHANDE, 15

1865

Les renseignements les plus minimes servent quelquefois
utilement l'instruction d'une grande cause. Telle est l'idée
qui, à l'occasion du concours régional, amène l'ancien lauréat de la prime d'honneur de la Sarthe à présenter au public
un rapport succinct sur ses modestes travaux et à produire
le témoignage de sa pratique agricole devant les grandes
assises de l'agriculture.

La culture des terres présentant autant de faces qu'il y a
de contrées différentes, et chaque praticien, dans un milieu
dissemblable, raisonnant au point de vue où il est placé, toutes les questions agricoles ont été en quelque sorte englouties,
submergées sous le déluge de la controverse. Au milieu de
cette mer d'opinions où vogue, dirigé par d'habiles pilotes (1),
le vaisseau du progrès, j'estime à honneur, simple matelot,
de tenir, ne fût-ce qu'un instant, la dernière des rames.

(1) Dans l'Ouest de la France, MM. Rieffel, Bodin, Jamet, etc.

PREMIÈRE PARTIE

POURQUOI J'AI ABANDONNÉ MES SILLONS.

Mes premiers pas dans la carrière agricole ne datent pas d'hier. Faisant tout d'abord valoir à moitié, j'ai conservé et étudié les sillons; j'en ai vu le fort et le faible, et me suis rendu compte de leur origine, due à plusieurs causes :

1° A l'imperméabilité du sol dans beaucoup de contrées de l'Ouest.

2° Au peu de terre végétale sur certaines parties schisteuses (d'argealêtre) et enfin au manque d'engrais, dans les temps où la chaux cuite au bois était d'un prix trop élevé pour permettre la culture des plantes fourragères légumineuses. Ces raisons existent-elles encore aujourd'hui?

Ma pratique consultée, je reponds non avec la plus forte conviction.

Le sillon ne détruit nullement l'imperméabilité du sol; au contraire, il la conserve, et voici comment. Pour faire ce genre de labour, il faut une charrue (*lourde à traîner, défectueuse dans toutes ses formes*) à soc pointu, condition essentielle pour réussir, parce qu'avec un soc plat les raies de séparation seraient trop larges et la moitié du champ ne produirait rien. Le sillon ne comporte pas un labour profond; les deux premières raies doivent seulement effleurer la terre, et la charrue du pays, construite en vue du sillon, éprouverait une résistance énorme si elle entrait profondément ; son soc pointu ne tranchant pas la terre, c'est au moyen de son long versoir que l'instrument devrait l'arracher.

Le terrain n'étant pas préalablement défoncé ou drainé, l'exhaussement formé par le dos du sillon ne préserve pas la récolte de l'humidité ; l'eau reste stagnante dans les raies de séparation et fait l'effet d'un bain où plongent à leur détriment les racines des plantes. Les récoltes sont aussi bien plus exposées aux rigueurs des saisons : l'été, la sécheresse se fait sentir bien d'avantage, et la pluie, au lieu d'apporter son action bienfaisante à une terre altérée, découle, comme d'un toit, du sillon dans les raies et ne rend aucun secours à la végétation. L'hiver n'est pas moins désastreux. Nous voyons souvent le côté exposé au nord dégarni de plantes, quelquefois la récolte compromise ou même entièrement perdue.

Je ne veux pas être injuste envers le sillon, et si je lui refuse d'être un spécifique contre l'humidité et la sécheresse, je lui accorde un certain mérite dans le passé. Sur les terrains peu profonds, alors que la terre végétale et l'engrais manquaient, il était rationnel d'agglomérer en ados terre et fumier. C'était le temps de la jachère morte ; aucun mode de labour n'exposait aussi bien les guérets aux rayons solaires et à l'action puissante des agents atmosphériques, la chaleur, l'air et la gelée. Ainsi exposées, les plantes adventices périssaient en partie ; les plus robustes, les plantes bulbeuses (l'avoine à chapelet par exemple) sans être détruites, se trouvaient, après avoir été rôties par le soleil de l'été, assez en souffrance, assez retardées dans leur croissance pour permettre aux ensemencés de l'automne de lever et de prendre le dessus.

Une pareille méthode, bonne, excellente autrefois, je le reconnais, a cessé d'être recommandable du jour où des instruments puissants (1) nous ont permis de défoncer, d'approfondir, de créer en quelque sorte le sol là où il était insuffisant. De même pour les engrais, nos terres chaulées nous ont donné généreusement vesceron, trèfle, luzerne, choux, racines, toutes plantes qui permettent un nombreux bétail et procurent engrais abondants et riches en principes fertilisants.

Pour combattre les deux grands fléaux de notre pays, la sécheresse de l'été et l'humidité de l'hiver, pour maintenir dans mon sol une plus grande somme de fraîcheur pendant la saison chaude, pour le rendre perméable à l'eau et moins mouillant au temps froid, j'ai employé le drainage sur les parties sourceuses et les labours en planche, profonds de 30 centimètres et plus, sur tous mes champs à l'aide d'instruments perfectionnés. La couche arable augmentée, rajeunie par le sous-sol, s'est empressée de répondre à mes soins par de riches récoltes en trèfle, choux, betteraves, pommes de terre et graines du printemps ; je puis donc dire que c'est à mes défoncements, à la profondeur de mes labours, que j'ai dû, en 1857, la prime d'honneur, cette récompense si honorable, si digne de l'ambition très-louable des agriculteurs. Pourquoi n'avouerais-je pas aussi l'indulgence de mes juges? Mes grains d'hiver ne les avaient pas entièrement satisfaits ; mes ensemencés d'automne, faits sur raies et couverts seulement comme ceux du printemps d'un trait de herse ou d'extirpateur, n'étaient pas assez cachés ; les plantes peu enracinées supportaient mal l'influence de la gelée et du dégel et, en se dégarnissant, ouvraient passage à des herbes parasites, étouffantes et pernicieuses au reste de la récolte.

(1) Charrue, fouilleuse, etc.

Pour réussir la culture du blé dans nos terres calcaires, légères, poreuses et spongieuses (l'expérience me l'a depuis longtemps prouvé), il faut indispensablement semer sous raies.

En théorie, l'exécution paraissait facile, la pratique m'offrait au contraire de grandes difficultés; le travail à la herse me permettait d'emblaver deux ou trois hectares par jour, pendant qu'à la charrue j'arrivais à grand'peine à 40 ou 50 ares. Pour terminer mes travaux en temps utile, il m'eût fallu commencer les emblavements de très-bonne heure, juste au moment où mes attelages, occupés à rentrer mes betteraves, ne pouvaient en même temps traîner la charrue. C'est alors que j'ai eu recours au semoir, instrument parfait, qui résume en lui seul toutes espèces d'amélioration ; il diminue la main-d'œuvre, expédie promptement l'ensemencement et permet de régler avec la plus grande régularité et économie de semence la profondeur à laquelle on veut l'enfouir. Le grain, déposé au fond d'une rigole minime, se trouve rechaussé par les intempéries des saisons. La pluie et la gelée, entraînant des molécules terreuses, finissent par recombler toutes les petites raies ouvertes par les socs du semoir.

A la fin de l'hiver, l'aspect du champ ne présente plus que la surface d'un terrain parfaitement uni avec un blé bien enraciné et qui, par sa disposition à tasser, étouffe les mauvaises herbes si elles ont la prétention de se montrer.

Le coquelicot qui voulait régner en maître sur ma ferme, ne nuisant plus à mes ensemencés depuis cinq ans, époque de l'introduction du semoir sur mon exploitation, le rendement du blé s'est trouvé satisfaisant et répond à la moyenne générale de mes autres récoltes.

Toute amélioration en appelant une nouvelle, l'emploi du semoir m'a conduit au labour à plat et sans dérayures.

Le bombement des planches et les raies qui les séparaient offraient des difficultés à la marche régulière de l'instrument, ses socs n'entraient pas à une profondeur uniforme, la semence pouvait en même temps être trop enfouie sur le milieu de l'ados, et ne pas l'être assez ou pas du tout sur les dépressions des côtés. Pour obvier à cet inconvénient j'en rencontrais d'autres non moins grands, en faisant manœuvrer l'instrument en travers des planches au lieu de les suivre dans leur longueur. Maintenant, au moyen de la charrue double Brabant qui va et revient sans dérayures sur le même champ, mon labour est parfaitement uni et mon semoir marche sans trouver d'inconvénients. Je dois ici un éloge tout spécial à la charrue de fer double Brabant; son mérite est incontestable; d'abord elle marche seule, sans être tenue, et ne se dérange jamais; elle évite les obstacles avec plus d'adresse que le meilleur laboureur; l'homme qui conduit l'attelage se charge, à lui seul, de le tourner et de le remettre en raie à l'extrémité du champ.

Une commission de la Société d'Agriculture de la Sarthe l'a vu fonctionner chez moi, et a cru devoir signaler *sa grande satisfaction* dans son rapport sur les visites des fermes dans l'Arrondissement de la Flèche en 1862. Dix fermiers d'Auvers, témoins des bons effets qu'elle produit chez moi, l'ont déjà adoptée. Leur exemple va incessamment être suivi par beaucoup d'autres. La cause des labours profonds, de la culture à plat et au semoir me paraît gagnée à Auvers-le-Hamon, je le dis à ma louange. Mais je dois rendre à chacun ce qui lui appartient; c'est à monsieur de Lavalette, agriculteur de la Mayenne, que nous devons la connaissance de cet instrument; c'est lui qui est allé le chercher dans le département de l'Aisne pour l'introduire dans notre pays. L'emploi de cette charrue marque un progrès véritable parce qu'il entraîne tout un système de culture différent ; avec lui ce sont non-seulement de meilleures récoltes de blé, mais aussi une plus grande provision de nourriture pour les bestiaux en trèfle, luzerne, choux, betteraves, pommes de terre, qui assure une masse d'engrais pour la fécondation des terres. Je laisse tout l'honneur d'un pareil résultat à celui qui le mérite légitimement, et je joins ici à son adresse l'hommage de ma gratitude particulière pour m'avoir préconisé et conseillé au concours de Poitiers, en 1860, l'usage du double Brabant.

Je désire, en reconnaissance, rendre le même service à d'autres agriculteurs en leur garantissant un profit certain.

Cette charrue, avec son large soc et son mode d'aller et revenir sur la même raie, expédie promptement l'ouvrage ; attelée de quatre chevaux, elle peut facilement labourer cinquante ares par jour dans un défoncement de 28 à 30 centimètres et plus.

Un fermier de mes voisins, monsieur Lebannier, du Haut-Ecuré, semait son blé sous raies, et recouvrait à 10 centimètres de profondeur plus de 100 ares par jour, au mois de novembre, avec son double Brabant. Si on voit cette année des blés qui font triste figure, ce ne sont pas les siens ; ils ont parfaitement supporté l'hiver et annoncent comme les miens une récolte supérieure.

En traitant des labours profonds et de la culture à plat, je n'ai voulu envisager que l'assainissement du sol, sans cela je signalerais à leur avantage bien d'autres services ; ainsi la facilité qu'ils apportent à tous les travaux agricoles subséquents, et la destruction complète des vers du hanneton qui, chez moi, est un fait accompli, méritent bien de fixer l'attention des agriculteurs.

SECONDE PARTIE

COMMENT J'AI ADOPTÉ LES DURHAMS.

Avant de parler de mes bestiaux, il importe de rapporter les renseignements que j'avais donnés sur ma ferme à la commission départementale qui est passée chez moi en 1862.

Mon exploitation du Plessis se compose encore aujourd'hui de 43 hectares, dont 32 de terre labourable et 11 de prés naturels. L'assolement est de quatre ans; 2 ou 3 hectares sont en luzerne hors d'assolement, et y rentrent quand la prairie est usée, pour être remplacés par d'autres; restent 29 hectares à cultiver ou environ 60 journaux de 50 ares, alors chaque sole est de 15 journaux; 1re année : racines, choux, pommes de terre; 2e, orge avec graine de trèfle; 3e, trèfle; 4e, froment. Ainsi sur 43 hectares, 31, plus des deux tiers fournissent à la nourriture des animaux comme il suit :

Prairies permanentes	11 hectares.
Luzerne.	3 »
Trèfle	7 »
Récoltes fourragères dérobées. . .	3 »

Ces coupages dérobés sur la sole qui a produit le froment et qui sera en racines au mois de juin suivant, doivent être retranchés du total pour ne pas faire double emploi; il reste 15 hectares (trente journaux) destinés aux céréales d'hiver et de printemps. Ainsi réglée, la ferme du Plessis nourrit en ce moment, fin de mars, 43 bêtes bovines; le nombre en montait à 52 à la fin de novembre; plus, 4 chevaux de travail, 4 chevaux de luxe, 3 truies portières et leurs petits. Les animaux sont soumis à la stabulation pendant la plus grande partie de l'année ; ils pâturent les regains et rentrent à l'étable dans le mois de novembre ; ils reçoivent jusqu'au 10 avril beaucoup de paille et un peu de foin avec addition de betteraves ; la ration de racines pour les bœufs et vaches varie de 25 à 50 kilogrammes par tête en proportion de l'état d'embonpoint et du volume des animaux , et aussi de la température de la saison. Les animaux maigres , en mauvais état de santé , ne supporteraient pas chaque jour des rations aussi fortes ; toute nourriture aqueuse, froide, demande à être donnée avec ménagement et discernement dans les jours rigoureux.

Les fourrages dérobés sont consommés pendant les mois d'avril et de mai ; la luzerne, le vesceron, le blé noir fournissent la nourriture de l'étable pendant les mois de juin et de juillet ; puis viennent les regains pour la fin de l'été et les choux pour l'automne. Mes animaux ont constamment nourriture fraîche et nourriture sèche ; je réserve, autant que je puis, mes foins de prairies et de trèfle pour la saison d'été et le temps des regains , sans cela mes bestiaux déclineraient sous l'action purgative de fourrage trop tendre ; j'en ai fait l'épreuve dans mes prés, où le persil foisonne.

Quatorze années d'expérience , pendant lesquelles le nombre et l'état de mes bêtes n'ont jamais varié (j'en atteste mes nombreux visiteurs) me permettent de recommander vivement l'usage de la paille avec adjonction de racines ou choux. J'ai nourri mon étable pendant des mois, des hivers entiers, rien qu'avec des pailles d'orge, d'avoine ou de froment, auxquelles on ajoutait toujours choux ou betteraves en forte proportion ; jamais mes animaux n'en ont éprouvé le plus petit inconvénient ; loin de là, leur état ne cessait de prospérer. La paille qui, seule, constitue une nourriture détestable dans nos fermes, devient saine et succulente par mon procédé de mélange. Je crois que la paille contient des principes trop astringents pour en faire exclusivement la nourriture d'animaux maigres, pauvres et chétifs, mais je la considère comme un aliment utile pour conserver la santé de ceux qui sont en bon état; il semble même que l'instinct de leur conservation les porte à en manger.

J'ai maintes fois remarqué des animaux à l'engrais gorgés de farine, de foin, de racines, se jeter avidement sur la paille destinée à leur litière. Je trouve dans l'affourragement de ma paille un supplément alimentaire sans lequel il me serait impossible d'entretenir le même nombre de bêtes de rente; j'avoue bien volontiers que les produits en lait et en beurre laissent quelquefois à désirer. Il m'est indubitablement profitable de faire consommer ma paille par mes bêtes et de faire leur litière avec les déchets qu'elles laissent dans les crêches, auxquels on joint des feuilles, des bruyères et même de mauvaises herbes. Certains agriculteurs prétendent que la suprême perfection serait de parvenir à récolter assez de foin, de trèfle, de luzerne, pour mettre toute la paille des céréales en litière; les animaux seraient mieux couchés, les fumiers plus abondants.

Puisse ma voix étouffer une telle erreur! C'est une hérésie agricole que mes oreilles n'ont jamais entendue qu'au détriment de mes nerfs; j'en appelle aux maîtres, et l'un d'eux, M. Girardin, dans son ouvrage sur les fumiers et engrais animaux, rend mieux ma pensée que je ne saurais le faire moi-même; je prends la liberté de le citer textuellement:

« Je recommande d'autant plus l'emploi des litières de terre que la pratique des meilleurs cultivateurs anglais, hollandais et bavarois se joint à la théorie pour donner la préférence, sur presque tous les autres, à ce genre de litière employé et préconisé, d'ailleurs, par des agronomes fort distingués, tels que Pictet, Schwerz, Boenninghansen, de Gasparin, etc., etc.

« Le grand avantage que présente ce système de litières avec de mauvaises plantes, la tourbe, la terre, le sable, c'est de permettre au fermier d'avoir un plus grand nombre d'animaux, puisqu'il peut faire servir à leur nourriture, en les mêlant à des graines, à des racines, à des foins, à des tourteaux, à des pulpes, à de la drèche, des pailles qui auraient été employées comme litière.

« Retenez bien, en effet, qu'économiser la paille de litière, non pour la vendre, mais pour l'appliquer tout entière à la nourriture du bétail, c'est améliorer *le régime alimentaire,* c'est accroître le nombre des bestiaux producteurs d'engrais.

« Il est certain que la paille, mangée par les animaux, non-seulement ne perd rien des qualités fécondantes qu'elle peut avoir, mais que, bien au contraire, ces mêmes qualités augmentent peut-être du double, par l'effet de l'animalisation qu'elle acquiert après avoir été soumise au mécanisme de la digestion. D'une autre part, pouvant, dans ce mode d'agir, nourrir une plus grande quantité de bestiaux, on augmente par cela même la masse des fumiers. Ainsi, bien loin de craindre de diminuer ceux-ci, on est assuré de les multiplier, et, par conséquent, de rendre les champs plus fertiles et plus productifs, toutes choses égales d'ailleurs. »

Après avoir cité si heureusement à mon profit M. Girardin, je reviens à ma propre expérience, et je prouverai que mon opinion sur les qualités économiques de la paille ne date pas de ce jour, en citant aussi un fragment de lettre écrite par moi en 1862, et adressée à M. Édouard

Guéranger, agronome et chimiste érudit, membre de la Société d'agriculture de la Sarthe.

J'écrivais pour prendre la défense de la race durham, à l'occasion d'une séance de la Société d'agriculture de la Sarthe, et à propos de la question des animaux de boucherie, je disais : Je ne m'explique pas l'hésitation qu'on a mise à répondre à la question posée par votre président : quelle est la race qu'il faut adopter, préférer, pour améliorer les animaux de boucherie dans notre pays? Il y a vingt ans on pouvait tâtonner, aujourd'hui ce n'est plus permis ; après tous les essais heureux qui ont été faits dans notre voisinage (1) on peut répondre hardiment : « C'est la race durham. » Partout où elle s'est présentée, il y a d'abord eu répulsion, impossibilité d'acclimatation ; cinquante mauvaises raisons enfin militaient contre elle. Tout ce qu'on a dit et tout ce qu'on dira contre son adoption dans la Sarthe, a été avancé dans d'autres départements. Elle convenait là, mais pas ici, il ne fallait pas dépasser telles limites, basées sans doute sur la fécondité des terres, l'arrondissement de Château-Gontier, par exemple, limites qui ont été franchies avantageusement depuis longtemps ; il ne fallait pas surtout, sous peine d'utopie, la voir arriver dans le canton de Sablé.

En effet, on eut cherché en vain des bêtes anglaises en 1850 dans nos exhibitions du canton ; maintenant, ce sont les Manceaux qui y font défaut. La rivière de la Sarthe a été franchie ; la Vègre, plus éloignée, leur a aussi livré passage ; je connais maintes fermes sur ses rives, en deçà et au-delà, où les durhams prospèrent. Qu'est-ce qui pourrait les empêcher de réussir? Ce n'est pas la terre, quel-

---

(1) Voir les belles étables de MM. Dubuat à la Subrardière, (Mayenne), de Falloux et d'Andigné de Maineuf (Maine-et-Loire), et tant d'autres.

qu'ingrate qu'on la suppose ; ils sont trop peu exigeants de leur nature.

Il n'est pas un département , un canton où on ne rencontre de très-mauvaises terres nourrissant de bons durhams ; j'en ai vu de magnifiques , même sur la lande de Grand-Jouan ; à ma porte je connais des fermes dépourvues de prairies qui nourrissent avec profit des durhams croisés. Au contraire, on voit quelquefois ces animaux mal tourner sur des fermes privilégiées ; l'obstacle à vaincre n'est donc pas dans le sol, mais bien plus dans les soins de l'éleveur, du nourricier. Pour réussir, le procédé est bien simple. Il ne consiste pas, comme quelques personnes le supposent à tort, dans des pratiques dispendieuses, dans des distributions de farine exagérées ; elles sont plutôt nuisibles aux animaux de rente et ne conviennent qu'au bétail d'engrais dans les mois qui précèdent l'abattoir, ou aux veaux de choix à l'époque qui suit le sevrage. La clef d'un bon élevage est à la portée de tous les cultivateurs ; elle consiste dans la culture des légumineuses, des choux, et surtout des racines ; hors de là il n'y a que déception. Les animaux adultes se nourrissent d'une manière profitable avec de la paille et des betteraves, *même sans foin,* je vous en donne l'assurance d'après ma pratique journalière et pourrais vous en fournir des preuves. Je me résume : là où les betteraves poussent, un bon éleveur aura toujours avantage à choisir des durhams ; un mauvais nourricier devra toujours s'en tenir à la race du pays, habituée de père en fils, depuis le commencement des siècles, à végéter en léchant la terre aride l'été, et en rongeant péniblement la paille l'hiver. Des propriétaires, ayant fait venir à grands frais des reproducteurs d'Angleterre, ont cru pouvoir les soutenir en les engrainant ; ils ont complètement échoué et accrédité les difficultés d'acclimatation ; ils ne réfléchissaient pas que le climat de la Grande-Bretagne, ni si chaud, ni si froid que le nôtre, est beaucoup plus humide, et permet aux bestiaux de rester la plus grande partie de l'année dans les prairies, et que, même quand ils rentrent à l'étable, ils trouvent la crèche bien pourvue de navets. Ainsi, aux champs et à l'étable, les bêtes mangent du vert sans discontinuer toute l'année ; nous devons donc les mettre chez nous dans des conditions pareilles.

A celui qui ne pourrait cultiver suffisamment de racines, je conseillerais plutôt le métissage, croisement avec des demi-sang, nés dans le pays, dont la rusticité doit être plus forte. La question des demi-sang, comme reproducteurs, est grave ; de grands débats, engagés dans la presse agricole par de savants agronomes, ne semblent pas en avoir avancé la solution. Je dirais volontiers aux uns qu'ils n'ont pas tort, et aux autres qu'ils ont raison ; je crois qu'il est facile de s'entendre.

Pour former mon étable, je me suis livré entièrement au croisement et au métissage ; les deux m'ont également bien réussi. Au lieu d'acheter des vaches de pur-sang, il m'a paru plus intéressant de prendre la race du pays et de l'améliorer par un bon choix de reproducteurs et une alimentation convenable.

Je me suis surtout attaché à trois vaches mancelles, représentant trois types différents, donnant successivement des taureaux de pur sang ; aux produits femelles, je suis arrivé, à la septième génération, 127/128 de sang.

Mon grand nombre d'animaux m'a aussi permis d'allier une partie des produits entre eux, et le croisement même avec des mâles de deuxième génération m'a donné de bons résultats, d'autant meilleurs que les femelles étaient plus avancées dans le sang.

Avec des vaches mancelles pures et des métis peu avan-
cés, mais élevés chez moi depuis plusieurs générations, j'ai
obtenu des produits ayant, comme ceux de pure race, les
plus grandes aptitudes à prendre la graisse et à la précocité; seulement l'ossature était moins fine et la tête moins
légère. N'ayant pas de vaches de pure race, je me donnerai
bien garde, dans le choix d'un reproducteur, de me laisser
prendre par le mot de pur-sang; à mes yeux, un métis, à
formes également belles, peut, dans certaines circons-
tances, être bien supérieur comme reproducteur. Voici mon
raisonnement qui fera, j'espère, comprendre ma pensée.

Nous choisissons les taureaux de pur-sang durham
pour l'harmonie de leurs formes, leur précocité à nulle
autre pareille, et l'ensemble de leurs qualités acquises
depuis un siècle sous les Colling et conservées par leurs
successeurs. Mais ces qualités peuvent se perdre sous l'ad-
ministration d'un nourrisseur inhabile; entre un taureau
de demi-sang, pris dans une étable où les animaux ont été
bien soignés pendant plusieurs générations, et un taureau
de pure-race, né de parents mal nourris pendant le même
espace de temps, mon choix est fait.

Je fatiguerais l'attention et la patience de mes lecteurs,
si je continuais à leur donner en entier une lettre trop lon-
gue, et pour laquelle il m'avait fallu toute l'indulgence
de celui à qui elle était adressée.

Un avocat plus éloquent, plus autorisé que moi, un
habile praticien, monsieur Lambezat, inspecteur général
d'Agriculture, me permettra de citer, à l'appui de mes
idées sur la facilité d'élevage des durhams, un article
signé de lui, et daté du 27 janvier 1864 :

« Les races précoces ne sont pas, comme on se le figure
trop généralement, des gouffres sans fonds ou des greniers
à foin. Elles ont, au contraire, l'immense mérite de pro-

duire un kilogramme de viande, avec une quantité de fourrage moindre que celle exigée par ce qu'on appelle les races rustiques et qui vivent partout. Seulement, il faut aux animaux précoces une alimentation régulière, graduée en valeur nutritive, suivant le poids de l'animal, mais sans qu'il soit nécessaire d'y ajouter *rien d'extraordinaire*. Du foin, des racines, des fourrages verts, *de la paille* et le pâturage pendant la saison d'herbe, voilà tout ce qu'il faut pour entretenir et utiliser une race précoce. Au régime de la misère, la race précoce, ou le croisement fait dans ce sens, seront, je le reconnais, presque constamment inférieurs aux animaux indigènes.

« J'ai vu des croisements durham-breton nés et élevés sur la bruyère, qui, à l'âge de deux ans et demi, pesaient de 90 à 100 kilog., poids brut. Leurs compagnons de misère, il faut l'avouer, ne pesaient pas beaucoup plus, mais ils avaient l'air moins malheureux. »

Une même opinion sur les croisements durham exprimée, sinon dans des termes identiques, du moins présentée sous le même jour par deux praticiens qui, sans s'être entendus, ont vu et observé les mêmes faits, paraîtra, j'espère, à mes lecteurs l'expression sincère de la vérité. C'est pour moi une bonne chance d'avoir rencontré sur mon chemin M. Lambezat, éleveur expérimenté, d'une valeur reconnue; je puis dire que sans nous en douter, nous nous sommes cordialement serré la main.

Auvers-le-Hamon, 3d mars 1865.

CHARLES DE **CHARNACÉ**,
Lauréat de la prime d'honneur de la Sarthe en 1857.

LE MANS. — TYP. A. LOGER, C.-J. BOULAY ET Cᶜ.